런런 옥스퍼드 수학

KB130619

7권

수학 종합

안녕!

차 례

여러 가지 수

수를 마법 기계에 넣으면 어떻게 바뀔까?

1 빈칸에 알맞은 수를 쓰세요.

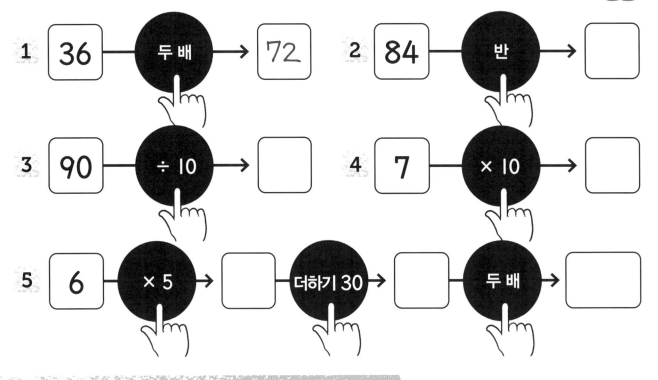

1 36 두 배 → 72

2 84 반 → ☐

3 90 ÷ 10 → ☐

4 7 × 10 → ☐

5 6 × 5 → ☐ 더하기 30 → ☐ 두 배 → ☐

2 한 자리 수끼리 더해 다음의 수가 나오는 식을 모두 쓰세요.

기억하자!
0, 1, 2, 3, 4, 5, 6, 7, 8, 9의 수를 이용해 보세요.

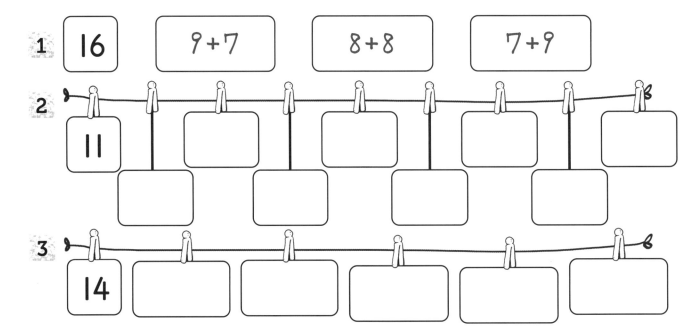

1 16 9 + 7 8 + 8 7 + 9

2 11

3 14

체크! 체크!
한 자리 수를 큰 수나 작은 수부터 차례대로 생각하면 빠뜨리지 않고 모두 찾을 수 있어요.

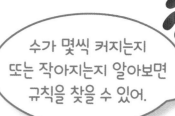
수가 몇씩 커지는지 또는 작아지는지 알아보면 규칙을 찾을 수 있어.

3 빈칸에 알맞은 수를 쓰고 몇씩 뛰어 세었는지 규칙을 알아보세요.

규칙

1 (60) (63) (66) (69) (72) (75)   + 3

2 (34) (45) (56) (67) ( ) ( )   _____

3 (85) (75) (65) ( ) ( ) (35)   _____

4 합이 100이 되는 두 수를 찾아 같은 색으로 칠하세요.

1

25	85	50	0
70	65	80	15
5	75	95	35
20	100	50	30

2

32	41	67	59
16	68	1	46
8	54	99	73
33	27	92	84

5 뺄셈과 답을 알맞게 선으로 이어 보세요.

(72 − 55)   (58 − 27)   (63 − 39)   (76 − 47)

(17)   (29)   (31)   (24)

잘했어!

칭찬 스티커를 붙이세요.

체크! 체크!
덧셈식을 이용하여 답을 확인해 보세요. □

문제를 다 푼 다음, 62쪽으로!

세 자리 수

1 규칙에 맞도록 빈 곳에 알맞은 수나 말을 쓰세요.

1 96   97   98   _____ _____ _____

2 200 300 400 500 _____ _____ _____

3 팔백 칠백 육백 _____ _____ _____

2 다음 표를 완성하세요.

기억하자!
0은 매우 중요한 수예요. 각 자리에 자릿값이 없으면 그 자리에 0을 써요.

수(읽기)	수(쓰기)
이백이십	
팔백오	
	826

3 빌리와 자라가 카드 놀이를 해요. 각 카드에는 점수가 적혀 있어요. 빌리와 자라가 얻은 점수는 모두 몇 점인가요?

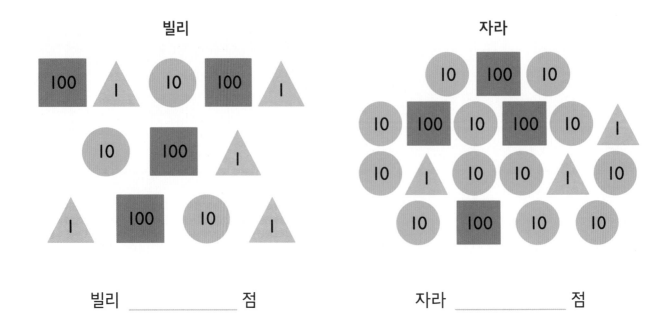

빌리 _____ 점   자라 _____ 점

4 주어진 수를 다음과 같이 나타내세요.

기억하자!
538은 10이 53, 1이 8인 수 또는
100이 5, 1이 38인 수와 같아요.

1 10이 16, 1이 5인 수 = 100이 __1__ , 10이 __6__ , 1이 __5__ 인 수

2 10이 79, 1이 4인 수 = 100이 ____ , 10이 ____ , 1이 ____ 인 수

3 10이 31인 수 = 100이 ____ , 10이 ____ , 1이 ____ 인 수

4 100이 8, 1이 12인 수 = 100이 ____ , 10이 ____ , 1이 ____ 인 수

5 자릿값 카드를 이용하여 다음 수를 만들어 보세요.

3 0 0	2 0	1	4 0 0
6	1 0 0	5 0	0
9 0 0	7 0	3	

1 구백칠십일

9	7	1

2 팔백보다 큰 홀수

3 사백육

체크! 체크!
세 자리 수 이상의 수에는 백의 자리가 있어요. ☐

도전해 보자!

각 수에서 숫자 4는 얼마를 나타내나요?

1 584 _____

2 418 _____

3 945 _____

칭찬 스티커를
붙이세요.

문제를 다 푼 다음, 62쪽으로!

수의 순서

기억하자!

기호 <, >는 어떤 수가 더 크고 어떤 수가 더 작은지 표시할 때 사용해요.
3은 6보다 작다. ➡ 3<6

1 빈칸에 < 또는 >를 알맞게 쓰세요.

1 840 ☐ 84   **2** 109 ☐ 910   **3** 454 ☐ 444

2 다섯 개의 수를 보고 물음에 답하세요.

A	B	C	D	E
540	504	445	555	455

1 수직선에 각 수의 위치를 표시하세요.

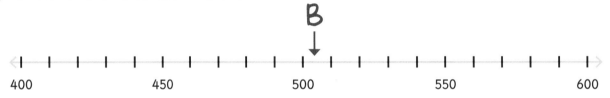

2 이제 가장 작은 수부터 가장 큰 수까지 순서대로 쓰세요.

가장 작은 수   가장 큰 수

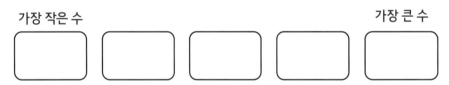

3 서로 다른 한 자리 수 세 개를 생각하세요.

세 수를 다음 빈칸에 쓰세요.

위에 쓴 수로 만들 수 있는 세 자리 수를 모두 만든 다음
이 수들을 가장 작은 수부터 가장 큰 수까지 순서대로 쓰세요.

칭찬 스티커를
붙이세요.

문제를 다 푼 다음, 62쪽으로!

3단 곱셈

1 왼쪽 꽃의 빈칸에 알맞은 곱셈을 쓰고 오른쪽 꽃의 각 꽃잎을 왼쪽과 같이 채워 보세요.

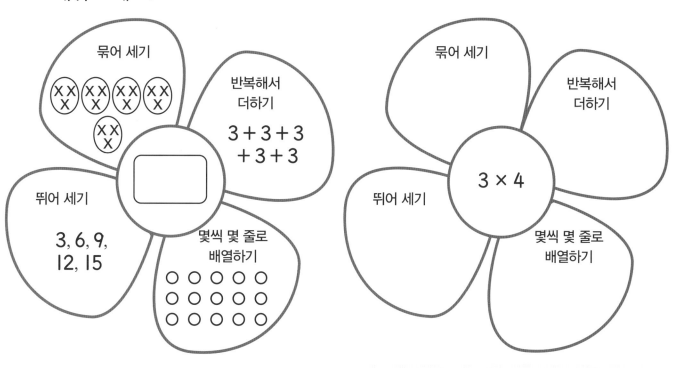

2 빈칸에 알맞은 수를 쓰세요.

기억하자!
나눗셈과 곱셈은 서로 관계가 있어요.
3 × 5 = 15를 알고 있으면 15 ÷ 5 = 3,
15 ÷ 3 = 5도 알 수 있어요.

1 3 × ☐ = 2l

2l ÷ 3 = ☐

2l ÷ ☐ = 3

2 3 × ☐ = 30

30 ÷ 3 = ☐

30 ÷ ☐ = 3

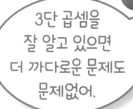

3단 곱셈을
잘 알고 있으면
더 까다로운 문제도
문제없어.

도전해 보자!

1 l2 안에는 3이 몇 번 들어가나요? ☐

2 3단 곱셈의 값 중 100보다 큰
첫 번째 수는 무엇인가요? ☐

칭찬 스티커를
붙이세요.

체크! 체크!
곱셈과 나눗셈의 관계를 이용해 답이 맞았는지 확인했나요? ☐

문제를 다 푼 다음, 62쪽으로!

$\frac{1}{3}$

1 다음 분수는 $\frac{1}{3}$ 보다 큰가요, 작은가요? 알맞은 것에 ✓표 하세요.

1 이분의 일

$\frac{1}{3}$ 보다 커요. ☐

$\frac{1}{3}$ 보다 작아요. ☐

2 사분의 일

$\frac{1}{3}$ 보다 커요. ☐

$\frac{1}{3}$ 보다 작아요. ☐

3 사분의 삼

$\frac{1}{3}$ 보다 커요. ☐

$\frac{1}{3}$ 보다 작아요. ☐

2 $\frac{1}{3}$ 만큼 ○표 했어요.

기억하자!
$\frac{1}{3}$ 을 찾으려면 3으로 나누면 돼요.

빈칸에 알맞은 수를 쓰세요.

1

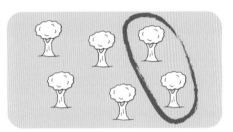

$\boxed{6}$ 의 $\frac{1}{3}$ = $\boxed{2}$

2

$\boxed{}$ 의 $\frac{1}{3}$ = $\boxed{}$

3

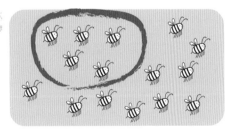

$\boxed{}$ 의 $\frac{1}{3}$ = $\boxed{}$

4

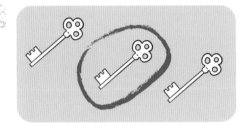

$\boxed{}$ 의 $\frac{1}{3}$ = $\boxed{}$

체크! 체크!
전체를 3으로 나누었을 때 각 묶음의 수는 같아야 해요. ☐

3 애벌레를 $\frac{1}{3}$ 만큼 ○표 하세요.

빈칸에 알맞은 수를 쓰세요.

전체 애벌레 수 = ☐   애벌레의 $\frac{1}{3}$ = ☐

3단 곱셈을
잘 알고 있으면
$\frac{1}{3}$ 을 금방 찾을 수 있어.

4 오른쪽 그림은 $2\frac{1}{3}$ 을
나타내고 있어요.

1 다음은 얼마를 나타내나요?

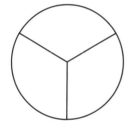 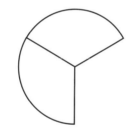 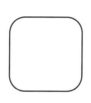

2 원을 사용하여 $3\frac{1}{3}$ 을 그려 보세요.

5 빈칸에 알맞은 수를 쓰세요.

1 30의 $\frac{1}{3}$ = ☐   **2** 90의 $\frac{1}{3}$ = ☐

3 300의 $\frac{1}{3}$ = ☐   **4** 120의 $\frac{1}{3}$ = ☐

문제를 다 푼 다음, 62쪽으로!

그림그래프

1 농부가 소 14마리, 양 8마리, 닭 4마리, 말 6마리를 가지고 있어요. 이것을 다음과 같이 기호로 나타내세요.

기억하자!
기호 하나가 몇 마리를 나타내는지 알아보세요.

소	● ● ● ◖
양	
닭	
말	

 = 4마리

2 다음은 축구 팀이 5개월 동안 넣은 골 수예요.

10월	⚽ ⚽ ⚽ ◗
11월	⚽ ⚽ ⚽ ⚽
12월	⚽ ⚽ ◖
1월	⚽ ◖
2월	⚽ ⚽ ⚽ ⚽ ◗

⚽ = 3골

총 합계를 구하는 방법은 여러 가지가 있어. 한 가지 방법으로 구해 보고 또 다른 방법으로 답을 확인해 봐.

1 11월에는 몇 골을 넣었나요?

2 2월에는 12월보다 몇 골 더 넣었나요?

3 11골 이상 넣은 달에 모두 ✓표 하세요.

10월 ☐   11월 ☐   12월 ☐

1월 ☐   2월 ☐

4 모두 몇 골을 넣었나요?

칭찬 스티커를 붙이세요.

체크! 체크!
축구공 하나가 몇 골인지 확인했나요? ☐

문제를 다 푼 다음, 62쪽으로!

더 큰 수, 더 작은 수

1 빈칸에 알맞은 수를 쓰세요.

기억하자!
백의 자리나 십의 자리에 더하거나 빼면
일의 자리 숫자는 변하지 않아요.

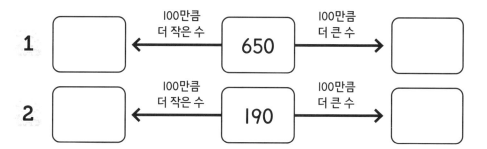

1 [ ] ← **100만큼 더 작은 수** ← 650 → **100만큼 더 큰 수** → [ ]

2 [ ] ← **100만큼 더 작은 수** ← 190 → **100만큼 더 큰 수** → [ ]

2 빈칸에 알맞은 수를 쓰세요.

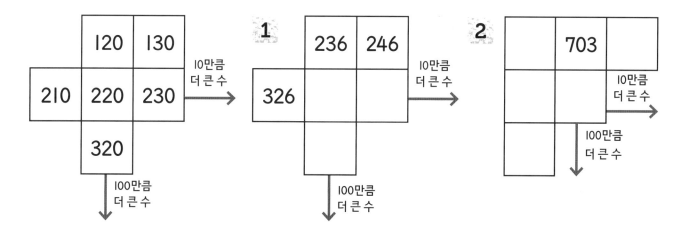

	120	130
210	220	230	→ **10만큼 더 큰 수**
	320	

↓ **100만큼 더 큰 수**

1

	236	246
326			→ **10만큼 더 큰 수**

↓ **100만큼 더 큰 수**

2

	703	
			→ **10만큼 더 큰 수**

↓ **100만큼 더 큰 수**

3 규칙을 찾아 빈칸에 알맞은 수를 쓰세요.

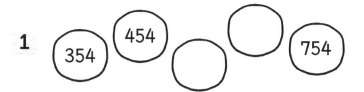

1 (354) (454) ( ) ( ) (754)

2 ( ) ( ) (307) (317) (327) ( )

307을
300과 7로 나누어서
생각해 봐.

칭찬 스티커를
붙이세요.

체크! 체크!
답을 구한 후에 항상 다시 확인하는 것이 좋아요. [ ]

문제를 다 푼 다음, 62쪽으로!

4단, 8단 곱셈

1 빈칸에 알맞은 수를 쓰세요.

	0	1	2	3	4	5	6
×4	0	4			16	20	
×8	0		16	24			48

2 **1** 다음과 같이 알맞게 색칠하세요.

수가 4단 곱셈의 값이면 사각형의 이 부분을 빨간색으로 칠해요. ➡ ⬅ 수가 8단 곱셈의 값이면 사각형의 이 부분을 파란색으로 칠해요.

20	21	22	23	24	25	26	27	28	29
30	31	32	33	34	35	36	37	38	39
40	41	42	43	44	45	46	47	48	49

2 무엇을 알게 되었나요? _____

_____

도전해 보자!

꽃집에서 꽃을 네 송이씩 한 다발로 만들어 팔고 있어요. 메리의 엄마는 꽃 일곱 다발을 샀어요. 꽃은 모두 몇 송이인가요?

체크! 체크!

4단, 8단 곱셈의 값은 모두 짝수예요. □

문제 해결 1

1 다음 숫자 카드를 한 번씩만 사용하여 세 자리 수 세 개를 만드세요.
각 수에는 적어도 5 하나와 6 하나가 있어야 해요. 만든 수를 가장 큰 수부터
차례대로 쓰세요.

가장 큰 수

☐ ☐ ☐   ☐ ☐ ☐   ☐ ☐ ☐

2 네 명의 어린이가 각각 세 자리 수를 만들었어요.

기억하자!
값이 가장 크게 변한
사람을 찾으면 돼요.

파스칼	버티	크리스	재스미나
482	78I	805	98I

각 수에서 숫자 8을 7로 바꾸었어요.
누구의 수가 가장 많이 작아졌나요? _____

수학 문제 푸는 것은 재미있어!

3 빈칸에 50에서 I00 사이의 수 네 개를 쓰세요.

☐   ☐   ☐   ☐

1 위 네 수 중 두 수를 골라 차가 가장 작은 뺄셈식을 만들어 보세요.

☐ – ☐ = ☐

2 위 네 수 중 두 수를 골라 차가 가장 큰 뺄셈식을 만들어 보세요.

☐ – ☐ = ☐

칭찬 스티커를 붙이세요.

문제를 다 푼 다음, 62쪽으로!

배수

1 배수를 잡는 거미줄이에요. 각 배수를 모두 찾아 색칠하세요.

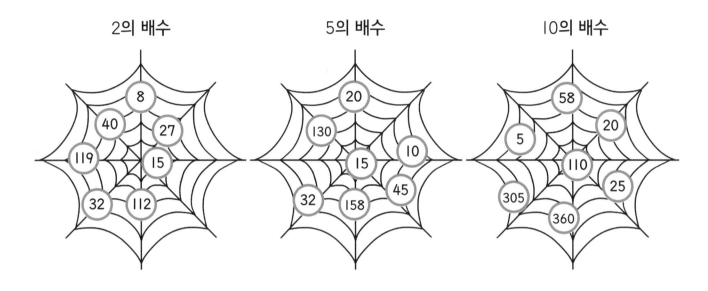

2의 배수 · 5의 배수 · 10의 배수

2 50의 배수에 색칠하며 길을 따라가 보세요.

기억하자!
50의 배수는 50 또는 00으로 끝나요.

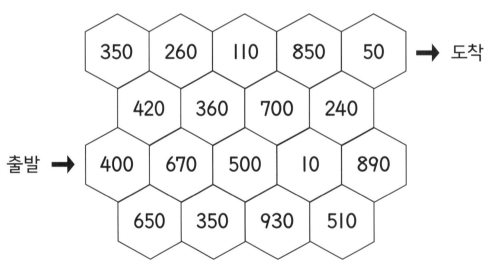

출발 → ... → 도착

3 40과 70 사이의 수 중 3의 배수는 몇 개 있나요?

먼저 3의 배수를 모두 써 봐.

4 4의 배수를 가장 작은 수부터 차례로 선으로 이어 보세요.

모든 점을 연결할 필요는 없어.

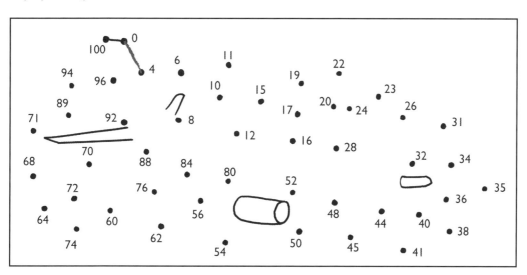

5 8의 배수에 모두 색칠하세요.

1

5I	52	53	54	55	56	57	58	59	60
6I	62	63	64	65	66	67	68	69	70
7I	72	73	74	75	76	77	78	79	80
8I	82	83	84	85	86	87	88	89	90
9I	92	93	94	95	96	97	98	99	100

2 다음이 참인지, 거짓인지 알맞은 것에 ✓표 하세요.

8의 배수는 짝수예요.　　　　　　　　참 ☐　　거짓 ☐

108은 8의 배수예요.　　　　　　　　참 ☐　　거짓 ☐

6 더해서 100의 배수가 되는 세 수를 찾아 ○표 하세요.

150　　　　160　　　　170　　　　180　　　　190　　　　200

칭찬 스티커를
붙이세요.

체크! 체크!
짝수의 배수가 항상 짝수인지 확인하세요.　　☐

문제를 다 푼 다음, 62쪽으로!

각

돌리는 걸
회전이라고 해.

1 초록 얼굴 스티커를 알맞게 붙이세요.

기억하자!

직각은 $\frac{1}{4}$ 바퀴, 직각 두 번은 반 바퀴 회전하는 거예요.

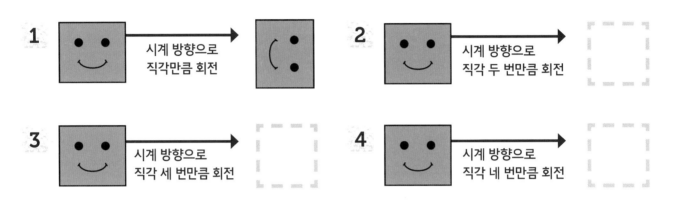

1 시계 방향으로 직각만큼 회전

2 시계 방향으로 직각 두 번만큼 회전

3 시계 방향으로 직각 세 번만큼 회전

4 시계 방향으로 직각 네 번만큼 회전

2 파란 얼굴 스티커를 알맞게 붙이세요.

시계 방향으로 직각보다 크게 회전하지만
반 바퀴까지는 회전하지 않아요.

시계 반대 방향으로 반 바퀴보다 적게 회전해요.

3 생쥐가 미로를 통과해 치즈까지 가는 과정을 설명해 보세요.

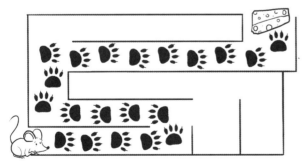

앞으로 __4__ . __왼쪽__ 으로 돌아.

앞으로 __1__ . _____ 으로 돌아.

앞으로 ____ . _____ 으로 돌아.

앞으로 ____ . _____ 으로 돌아.

앞으로 ____ . _____ 으로 돌아.

앞으로 ____ . 치즈다! 맛있게 냠냠.

네가 생쥐라고
상상하면서 풀면
더 쉽고 재밌어.

16

직각

기억하자!
직각은 아래와 같은 모양으로 표시해요.

1 직각보다 작은 각을 모두 찾아 ○표 하세요.

2 오른쪽 도형에는 직각이 2개 있어요.
직각을 모두 찾아 표시해 보세요.

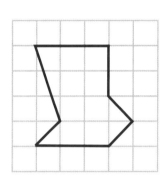

3 빈칸에 예각 또는 둔각을 알맞게 쓰세요.

1 직각보다 작은 각은 _____ 이에요.

2 직각보다 크고 평각(180°)보다 작은 각은 _____ 이에요.

4 두 개의 직각을 가진 도형을 두 개 그려 보세요.

칭찬 스티커를
붙이세요.

문제를 다 푼 다음, 62쪽으로!

길이

어림한 값은 합리적으로 추측한 값이라 아주 정확하지는 않을 수 있어.

1 막대의 길이를 어림해 보고 자로 재어 보세요.

1 어림값: ☐ cm   측정값: ☐ cm

2 어림값: ☐ cm   측정값: ☐ cm

3 어림값: ☐ cm   측정값: ☐ cm

2 다음을 보고 물음에 답하세요.

기억하자!
100 cm = 1 m

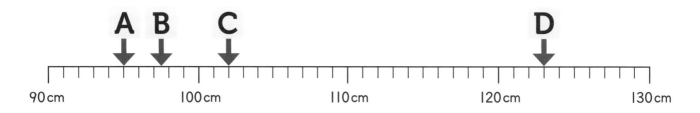

화살표가 가리키는 곳의 길이는 얼마인가요?

A = ☐ cm   B = ☐ cm

C와 D의 위치는 몇 m 몇 cm로 답하세요.

C = ☐ m ☐ cm   D = ☐ m ☐ cm

3 다음 길이를 cm로 나타내세요.

1 5 m 72 cm = ☐ cm   2 2 m 80 cm = ☐ cm

3 2 m 8 cm = ☐ cm   4 10 m 3 cm = ☐ cm

4 카타는 다음과 같은 리본을 가지고 있어요.
선을 그려 각 리본을 같은 조각으로 나누어 보세요.

> 먼저 리본의 길이를 자로 재어 봐.

1 똑같이 네 조각으로 나누세요.

2 똑같이 다섯 조각으로 나누세요.

3 똑같이 세 조각으로 나누세요.

5 프랭키가 묵고 있는 호텔 마당에 있는 푯말이에요.

버스 정거장
2km 800m

시장 800m

박물관 3km

기억하자!
1km = 1000m

가장 가까운 곳부터 순서대로 써 보세요.

가장 가까운 곳		가장 먼 곳

도전해 보자!

위의 푯말을 보고 물음에 답하세요.

1 박물관은 버스 정거장보다 얼마나 더 먼가요? ☐ m

2 프랭키는 호텔에서 버스 정거장에 갔다가 다시 호텔로 돌아왔어요.

프랭키가 이동한 거리는 얼마인가요? ☐ km ☐ m

> 칭찬 스티커를 붙이세요.

체크! 체크!
거리가 1000m를 넘으면 km와 m로 변환했나요? ☐

문제를 다 푼 다음, 62쪽으로!

암산

여기는 암산으로 답을 찾아보세요.

연필과 종이는 잠시 옆으로!

1 다음 식이 참이면 ✓ 스티커, 거짓이면 ✗ 스티커를 알맞게 붙이세요.

$753 - 50 = 713$ ( )　　　$200 + 725 = 925$ ( )

$706 - 9 = 695$ ( )　　　$367 + 123 = 480$ ( )

$165 + 70 = 235$ ( )　　　$371 + 509 = 880$ ( )

2 기차 운전실 칸에 쓰여 있는 수가 참이 되게 하는 기차 칸만 남기고 나머지 기차 칸 하나에는 스티커를 붙여 가리세요.

1

53　42　38　47　합은 142

2

61　136　199　264　합은 396

3

256　378　124　차는 132

4

905　540　185　차는 365

20

3 양쪽을 계산하여 <, > 또는 = 스티커를 알맞게 붙이세요.

1 3 × 5 ⬚ 2 × 9   **2** 8 × 2 ⬚ 4 × 4

3 6 × 10 ⬚ 8 × 7   **4** 6 ÷ 3 ⬚ 5 ÷ 5

5 50 ÷ 10 ⬚ 18 ÷ 2   **6** 25 ÷ 5 ⬚ 24 ÷ 3

4 표의 각 칸에 들어갈 식을 찾아 알맞게 스티커를 붙이세요.

답은			
0과 250 사이의 수	251과 500 사이의 수	501과 750 사이의 수	751과 1000 사이의 수

5 세계 여러 나라의 국기 배지 값이에요. 배지는 큰 것과 작은 것이 있는데
큰 것 두 개, 작은 것 한 개를 묶어서 팔아요. 수지는 500원을 가지고 있어요.

	스페인	프랑스	이탈리아	포르투갈	그리스	크로아티아
큰 배지	150원	225원	175원	180원	210원	190원
작은 배지	90원	110원	105원	95원	108원	125원
가능 또는 불가능						

수지가 배지를 살 수 있는지, 없는지
알맞은 스티커를 찾아 붙이세요.

잘했어!

문제를 다 푼 다음, 62쪽으로!

시간

1 같은 시간을 나타내도록 빈칸을 알맞게 채우세요.

기억하자!
1시간은 60분, 1분은 60초예요.

1 시간과 분

시간	분
$\frac{1}{4}$	
	30
1	
	180

2 분과 초

분	초
	60
2	
5	
	600

2 다음 문제를 풀어 보세요.

1 2016년 2월 첫째 날의 전날은 몇 년 몇 월 며칠인가요?

_____

2 다음 윤년은 언제일까요?

_____

3 2015년에는 며칠이 있었나요?

_____

2016년 2월					
1	2	3	4	5	6
7	8	9	10	11	12	13
14	15	16	17	18	19	20
21	22	23	24	25	26	27
28	29					

3 다음 내용을 이용하여 표를 알맞게 채우세요.

- 일 년 중 짝수 달(2월, 4월, 6월 등)에는 토요일 오후 활동이 달리기예요. 홀수 달에는 토요일 오후 활동이 축구예요.
- 30일까지 있는 달에는 토요일 오전 활동이 수영이에요. 나머지 달에는 토요일 오전 활동이 자전거예요.

		5월	6월	7월	8월
토요일	오전				
	오후				

시간 비교

너의 답은 내일이면 또 달라질 거야.

1 **1** 나이를 몇 년, 몇 개월 며칠로 나타내 보세요.

오늘 나는 [ ] 년, [ ] 개월 [ ] 일 살았어요.

2 아래 친구들보다 나이가 더 많나요, 적나요?

나는 칠 년, 구 개월, 삼 일 살았어.

삼 일 전, 나는 $7\frac{1}{2}$ 살이었어.

많아요. [ ] 적어요. [ ] 같아요. [ ] 　많아요. [ ] 적어요. [ ] 같아요. [ ]

2 사라, 팀, 자비는 하프 마라톤을 뛰었어요. 정각 오전 10시에 시작했고 중간에 물을 마시기 위해 멈췄어요. 다음 표는 물을 마시려고 멈춘 시각과 결승점에 도착한 시각이에요. 알맞은 친구를 찾아 ✓표 하세요.

	물 마신 시각	도착한 시각
사라	오전 10:50	오후 12:45
팀	오전 11:05	오후 12:27
자비	오전 10:45	오후 12:17

체크! 체크!
걸린 시간을 구할 때는 시작 시각과 끝난 시각을 생각해야 해요. [ ]

1 물을 마시기 위해 처음으로 멈춘 사람은 누구인가요?

사라 [ ]　　　팀 [ ]　　　자비 [ ]

2 물을 마시고 난 뒤부터 가장 빨리 뛴 사람은 누구인가요?

사라 [ ]　　　팀 [ ]　　　자비 [ ]

3 출발점에서 결승점까지 두 시간 반 이내에 도착한 사람에게 모두 메달을 주어요. 누가 메달을 받을까요?

사라 [ ]　　　팀 [ ]　　　자비 [ ]

칭찬 스티커를 붙이세요.

문제를 다 푼 다음, 62쪽으로!

덧셈과 뺄셈

세 수를 더해도 돼.

1 **1** 다음 수를 한 번씩만 사용하여 합이 1000이 되는 식을 만들어 보세요.

100	200	300

400	500	600	700

기억하자!
합이 10이 되는 수의 쌍을 생각해 보세요.

$$400 + 600 = 1000$$

2 위의 수를 사용하여 다음 식을 완성해 보세요.

☐ - ☐ - ☐ = 100

☐ - ☐ - ☐ - ☐ = 100

---

2 엠마, 카를로스, 필립은 카드 게임을 하고 있어요. 각각 4장의 카드를 골라 500에 더하거나 빼요

1 빈칸에 알맞은 수를 쓰세요.

엠마

| 500 | → 더하기 9 → | 509 | → 더하기 50 → | 559 | → 더하기 200 → | | → 빼기 7 → | |

카를로스

| 500 | → 빼기 300 → | | → 더하기 4 → | | → 더하기 30 → | | → 더하기 80 → | |

필립

| 500 | → 빼기 40 → | | → 빼기 5 → | | → 더하기 300 → | | → 더하기 90 → | |

2 가장 높은 점수를 받은 사람은 누구인가요?

1등 _____

문제 해결 2

한 색깔은 한 번만 사용할 수 있어.

1 색연필 6자루를 준비하세요. 빨간색, 분홍색, 초록색, 노란색, 회색, 파란색이 필요해요. 다음을 보고 한 칸에 하나의 색깔을 알맞게 칠하세요.

- 빨간색은 5단 곱셈의 값 중에 있어요.
- 분홍색은 4단 곱셈의 값이 아닌 수 중에 있어요.
- 초록색은 4단 곱셈의 값이면서 10단 곱셈의 값인 수 중에 있어요.
- 노란색은 3단 곱셈의 값보다 1만큼 더 작은 수 중에 있어요.
- 회색은 3단 곱셈의 값이면서 홀수인 수 중에 있어요.

| 12 | 20 | 18 | 25 | 33 | 40 |

파란색을 칠할 수에 대한 내용을 직접 만들어 보세요.

체크! 체크!
각 단서에 해당하는 수들을 체크하면서 한 가지 색깔만 해당하는 수를 찾으세요.

---

2 다음 숫자 카드를 한 번씩만 사용하여 합이 49가 되도록 빈칸에 숫자를 알맞게 쓰세요.

| 5 | 1 | 3 | 4 |

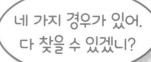

네 가지 경우가 있어. 다 찾을 수 있겠니?

◯◯ + ◯◯ = 49   ◯◯ + ◯◯ = 49

◯◯ + ◯◯ = 49   ◯◯ + ◯◯ = 49

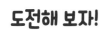

도전해 보자!

제임스가 거울로 시계를 보았더니 다음과 같았어요. 몇 시 몇 분인가요? 숫자와 말로 써 보세요.

◯ : ◯

칭찬 스티커를 붙이세요.

문제를 다 푼 다음, 62쪽으로!

g, kg

사람의 몸무게는 어떤 단위로 나타내는 게 좋을까?

1 다음 중 어느 것이 해당 무게를 나타낼 때 가장 적절한지 찾아 빈칸에 ✓표 하세요.

기억하자!
g은 kg보다 가벼운 것을 나타낼 때 쓰는 단위예요. t은 kg보다 무거운 것을 나타낼 때 쓰는 단위예요.

1 남자 어른의 몸무게:

80g ☐   80kg ☐   80t ☐

2 밀가루 한 봉지의 무게:

1g ☐   10g ☐   100g ☐   1000g ☐

2 무게가 같은 것 두 개를 찾아 ○표 하세요.

기억하자!
1kg = 1000g

1 2kg   20g   200g   2000g

2 7kg   70g   7000g   70kg

3 500g   50g $\frac{1}{2}$kg   5kg

4 1g   100g   1000g   1kg   100kg

3 무게가 가장 가벼운 것부터 무거운 것까지 순서대로 쓰세요.

$\frac{1}{2}$kg $\frac{1}{4}$kg   200g   600g   90g

☐   ☐   ☐   ☐   ☐

도전해 보자!
리즈는 과일샐러드를 만들고 있어요.
딸기 800g, 사과 1kg 100g, 바나나 550g을 사용했어요.
리즈가 사용한 과일의 무게는 모두 얼마인가요?

_____

체크! 체크!
답에 단위를 잊지 않고 썼나요? ☐

L, mL

1 다음 중 어느 것이 해당 들이를 나타낼 때 가장 적절한지 찾아 빈칸에
✓표 하세요.

1 머그잔의 들이:

300mL ☐　　　　　　30mL ☐　　　　　　3L ☐

2 욕조의 들이:

200mL ☐　　　　　　20L ☐　　　　　　200L ☐

2 두 측정값의 중간값을 쓰세요.

1 100mL ☐ mL 200mL　　　**2** 70L ☐ L 80L

3 1L ☐ L 2L　　　**4** 0L ☐ mL 50mL

3 들이가 가장 적은 것부터 많은 것까지 순서대로 쓰세요.

기억하자!
1L = 1000mL

1L　　　1015mL　　　$\frac{1}{2}$L　　　505mL　　　100mL

☐　　☐　　☐　　☐　　☐

도전해 보자!

이오나는 200mL 컵으로 냄비에 물을 채워요. 냄비에 일곱 컵을
넣었다면 냄비에 있는 물의 양은 얼마인가요?

_____

체크! 체크!

단위를 알맞게 썼는지 확인하세요. ☐

칭찬 스티커를
붙이세요.

문제를 다 푼 다음, 62쪽으로!

화폐

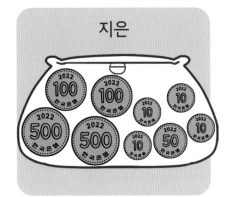

기억하자!

먼저 같은 종류끼리 동전 금액을 알아본 다음 모두 더해 보세요.

1 **1** 각 어린이가 지갑에 얼마를 가지고 있는지 알아보세요.

예림

시우

지은

[   ] 원   [   ] 원   [   ] 원

2 세 어린이가 가지고 있는 돈은 모두 얼마인가요?

_____

머릿속으로 암산해 봐.

2 오른쪽 메뉴를 보세요.

1 토스트 큰 것 두 개는 얼마인가요?

_____

2 케이크 큰 것 한 개와 샌드위치 큰 것 한 개는 얼마인가요?

_____

	작은 것	큰 것
케이크	7500원	9500원
샌드위치	6500원	8000원
토스트	3000원	5000원
함께 주문하면 주스가 2000원!		

3

수지와 동생 지호가 가지고 있는 돈이에요. 수지와 지호가 먹을 것을 골라요. 지호는 샌드위치 작은 것과 주스를 먹을 거예요. 수지도 주스를 마시고 싶어요. 지호가 고른 음식을 사고 남은 돈으로 수지가 고를 수 있는 빵은 무엇인가요?

_____

3 친구가 가게 주인이에요. 거스름돈만큼 알맞게 스티커를 붙이세요.

1

손님이 낸 돈

거스름돈을
여기에 붙이세요.

2

손님이 낸 돈

거스름돈을
여기에 붙이세요.

3

손님이 낸 돈

거스름돈을
여기에 붙이세요.

도전해 보자!

1 송희가 "주머니에 지폐 2장과 동전 2개가 있어. 지폐와
동전은 모두 달라."라고 말했어요. 송희가 가진 지폐는
10000원, 5000원, 1000원 중에 있고 동전은 500원, 100원,
50원 중에 있어요.

● 송희가 가질 수 있는 가장 큰 금액은 얼마인가요?

_____

● 송희가 가질 수 있는 가장 적은 금액은 얼마인가요?

_____

2 인주는 17470원을 가지고 있었는데 3360원짜리 머리띠를
샀어요. 그러고 나서 할머니에게 2220원을 용돈으로
받았어요. 인주가 지금 가진 돈은 얼마일까요?

_____

체크! 체크!

손님이 낸 돈에서 물건값을
빼면 거스름돈을 구할
수 있어요. 거스름돈을
구했으면 관계있는
덧셈식을 이용해서 답이
맞았는지 확인해 보세요.

칭찬 스티커를
붙이세요.

문제를 다 푼 다음, 63쪽으로!

곱셈

1 각 수를 두 배 하세요.

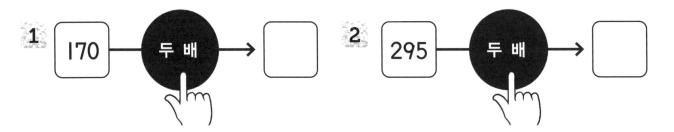

| 1 | 170 두 배 → ☐ | 2 | 295 두 배 → ☐ |

1 | 170 | 두 배 → ☐

2 | 295 | 두 배 → ☐

3 | 375 | 두 배 → ☐

4 | 480 | 두 배 → ☐

2 주어진 곱셈을 이용하여 답을 구해 보세요.

이미 알고 있는 사실을 이용하여 새로운 사실을 알아낼 수 있어!

1

$7 \times 4 = 28$

$7 \times 40 =$ | $70 \times 4 =$

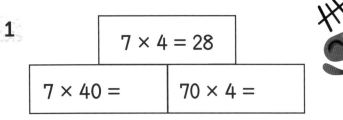

2

$5 \times 3 = 15$

$5 \times 30 =$ | $50 \times 3 =$

3

$9 \times 8 = 72$

$90 \times 8 =$ | $9 \times 80 =$

3 답이 240인 계산을 모두 찾아 색칠하세요.

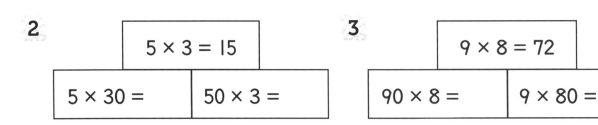

| 8×30 | 80×30 | 6×40 | 40×60 |

| 12×2 | 12×20 | 24×10 | 24×100 |

나눗셈

1 32, 4, 8 세 수로 만들 수 있는 곱셈식과
나눗셈식을 꽃잎에 적었어요. 같은 방법으로
아래 꽃잎을 채워 보세요.

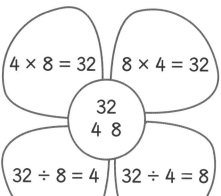

4 × 8 = 32   8 × 4 = 32

32
4 8

32 ÷ 8 = 4   32 ÷ 4 = 8

1
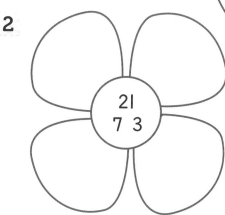

12
3 4

2

21
7 3

2 빈칸에 알맞은 수를 쓰세요.

1   18 ÷ 3 = [　　]

2   27 ÷ [　　] = 9

3 다음 숫자 카드를 한 번씩 사용하여 만들 수 있는 나눗셈식을 두 개씩
만들어 보세요.

1

| 3 | 4 |
| 6 | 9 |

[　][　] ÷ [　] = [　]

[　][　] ÷ [　] = [　]

2

| 4 | 9 |
| 5 | 5 |

[　][　] ÷ [　] = [　]

[　][　] ÷ [　] = [　]

체크! 체크!

관계있는 곱셈을 하여 답을 확인해 보세요.   [　]

칭찬 스티커를
붙이세요.

문제를 다 푼 다음, 63쪽으로!

시각과 시간

1 디지털시계에 알맞게 색칠해 보세요.

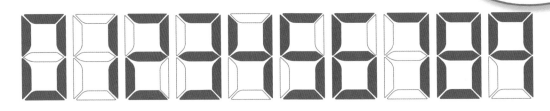

디지털시계는 이렇게 색칠하면 돼.

1 오전 4시에서 $\frac{1}{4}$ 시간 지난 시각

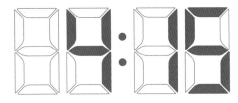

2 오전 11시에서 26분 지난 시각

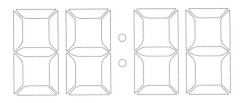

3 아침 8시 15분 전

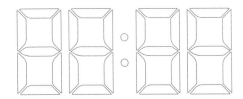

4 아침 5시에서 9분 지난 시각

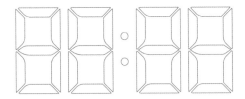

2 다음 시각에 알맞게 시곗바늘을 그리세요.

1 12:35

2 4:22

3 다음 시계가 나타내는 시각을 쓰세요.

1

2

32

4 다음 표를 완성하세요.

어떤 시각은 오전이고 어떤 시각은 오후야.

기억하자!
시간은 어떤 시각부터
어떤 시각까지의 사이를 말해요.

먼저, 시작하는 시각과 끝나는 시각을 쓰세요.
그런 다음 두 시각 사이의 시간 간격을 계산하세요.

	시작하는 시각	끝나는 시각	걸린 시간
1	오후 2시	오후 5시	3 시간 / 0 분
2	아침	오후	☐ 시간 / ☐ 분
3	아침	아침	☐ 시간 / ☐ 분
4	아침	오후	☐ 시간 / ☐ 분

체크! 체크!
오전, 오후를 잘 보고
계산했나요?

☐

칭찬 스티커를
붙이세요.

문제를 다 푼 다음, 63쪽으로!

세로셈(덧셈)

1 다음 계산을 하세요.

1

	십	일
	6	3
+	2	4

2

	백	십	일
	3	3	8
+		1	1

3

	백	십	일
	1	4	5
+		4	3

4

	백	십	일
		7	3
+	1	0	6

2 이 계산도 해 보세요.

기억하자!
일의 자리의 합이 10 이상이면
십의 자리로 받아올림해요.

1

	십	일
	7	2
+	1	9

2

	십	일
	6	6
+	2	6

3

	백	십	일
	4	2	8
+		9	5

4

	백	십	일
		4	2
+	1	7	5

3 다음 세로셈을 해 보세요. 다른 방법으로 계산하여 답을 확인해 보세요.

1

	백	십	일
	3	4	6
+		8	5

2

	백	십	일
	7	3	5
+	1	0	8

체크! 체크!
암산으로 답이 맞는지
확인해 보세요.

346 + 85 = ☐   735 + 108 = ☐

도전해 보자!
프레디는 우표 359장을 가지고
있어요. 할머니가 35장을 더
주셨어요. 프레디가 가지고 있는
우표는 모두 몇 장인가요?

☐

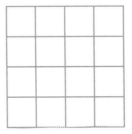

세로셈을 할 때는
자리를 잘 맞춰야 해.
일의 자리는 일의 자리끼리,
십의 자리는 십의 자리끼리,
백의 자리는 백의 자리끼리.

세로셈(뺄셈)

1 다음 계산을 하세요.

1

	십	일
	8	3
−	2	2

2

	백	십	일
	4	7	5
−		6	3

3

	백	십	일
	5	0	3
−	1	0	2

4

	백	십	일
	2	3	9
−	1	1	8

2 이 계산도 해 보세요.

기억하자!
백의 자리에서 십의 자리로, 십의 자리에서 일의 자리로 받아내림하세요.

1

	백	십	일
	2	4	0
−		5	9

2

	백	십	일
	5	2	0
−	1	0	5

3

	백	십	일
	6	5	0
−		3	7

4

	백	십	일
	4	0	0
−	1	0	9

3 파란 빈칸에 알맞은 수를 쓰세요.

1

	백	십	일
		5	3
−			9
	1	0	4

2

	백	십	일
		7	8
−	1	0	
	4	6	9

3

	백	십	일
	9		4
−		3	8
		7	6

4

	백	십	일
	5	7	3
−			8
	3	9	1

도전해 보자!

에린은 도버에서 뉴캐슬까지 여행해요.
총 거리는 562km예요. 중간에
뉴캐슬에서 283km 떨어진 곳에서
휴식했어요. 에린이 휴식한 곳은
도버에서 얼마나 멀리 떨어진 곳인가요?

□ km

세로셈으로 계산해 봐.

청찬 스티커를 붙이세요.

문제를 다 푼 다음, 63쪽으로!

입체도형

1 각 도형의 이름을 쓰세요.

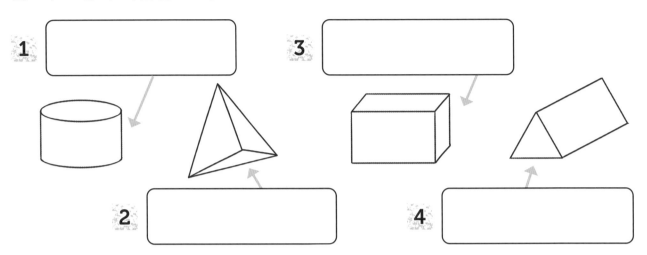

1 [ ]

2 [ ]

3 [ ]

4 [ ]

2 각 도형의 면과 꼭짓점의 수를 쓰세요.

기억하자!
입체도형의 평평한 표면을 면이라고 해요. 꼭짓점은 모서리와 모서리가 만나는 곳이에요.

1

면 [ ]

꼭짓점 [ ]

2

면 [ ]

꼭짓점 [ ]

3

면 [ ]

꼭짓점 [ ]

3 두 도형을 비교하여 같은 점과 다른 점을 한 가지씩 써 보세요.

면, 모서리, 꼭짓점의 수를 생각해 봐.

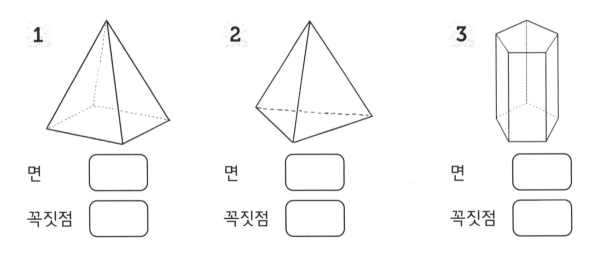

	같은 점	다른 점

평행과 수직

기억하자!
평행인 두 선은
결코 만날 수 없어요.

1 두 선이 서로 평행인 것을 모두 찾아 ✓표 하세요.

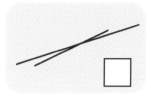 □ 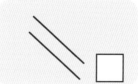 □ 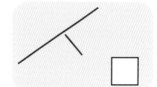 □ 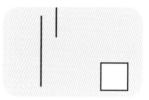 □

기억하자!
선과 선이
직각으로 만날 때
서로 수직이라고
해요.

2 두 선이 서로 수직인 것을 찾아 ✓표 하세요.

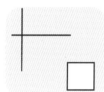 □  □ □ □

3 **1** 자를 이용하여 평행인 두 선을 그려 보세요.
단, 세로선으로 그려 보세요.

2 서로 수직으로 만나는 두 선을 그려 보세요.
단, 두 선은 모두 사선 방향으로 그려 보세요.

4 빈칸에 알맞은 알파벳을 쓰세요.

1 변 [ ]은 수평선이에요.

2 변 q와 평행인 변은 변 [ ]예요.

3 서로 수직인 두 변은 변 [ ]와 변 [ ]예요.

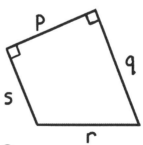

칭찬 스티커를
붙이세요.

체크! 체크!
정사각형을 사용하여 변이 서로
평행인지 수직인지 확인하세요. □

문제를 다 푼 다음, 63쪽으로!

평면도형

기억하자!
예각은 90°보다 작은 각이에요. 수직은 두 선이 서로 직각으로 만나는 것을 말해요. 교차하지 않고 같은 방향으로 나아가는 두 선은 평행하다고 해요.

1 다음을 읽고 도형을 알맞게 그려 보세요.

1 하나의 직각을 가진 오각형

2 하나의 둔각과 두 개의 예각을 가진 삼각형

3 모든 변의 길이가 같은 삼각형

4 네 개의 변이 있고 그중 한 쌍의 변이 평행인 도형

5 두 변이 평행인 오각형

6 두 변이 수직으로 만나는 삼각형

2 다음 도형에 대해 설명해 보세요.

1

2

체크! 체크!
변의 수, 각, 평행, 수직에 대해 설명했나요?

둘레

기억하자!
둘레는 도형의 바깥쪽 변의
길이를 모두 합한 거예요.

1 각 도형의 둘레를 구하세요. 작은 정사각형
한 변의 길이는 1cm예요.

1

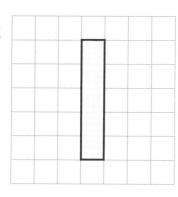

2

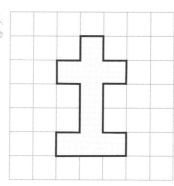

3

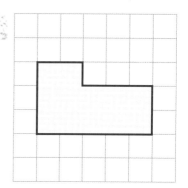

2 둘레가 10cm인 도형을 두 개 그려 보세요.

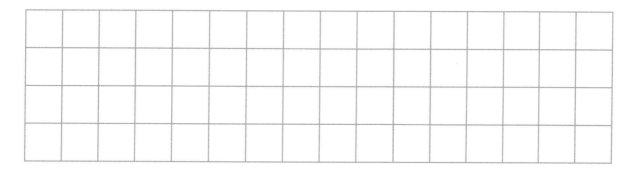

3 각 도형의 둘레를 구하세요.

1

2

도형의 변의 길이를
자로 재어 봐.

칭찬 스티커를
붙이세요.

체크! 체크!
단위를 잘 썼나요?

문제를 다 푼 다음, 63쪽으로!

수직선

1 수직선에서 팀이 가리키는 곳의 수를 쓰세요.

기억하자!
수직선의 간격(한 칸의 크기)은 항상 일정해요.

1

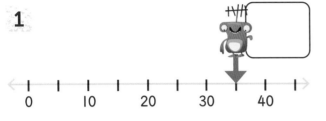

2

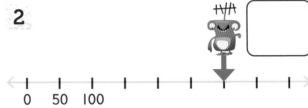

3

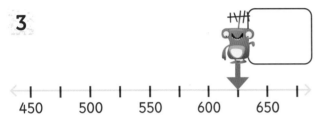

4

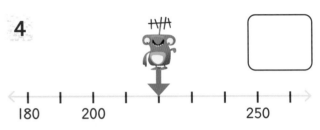

체크! 체크!
수직선에서 눈금이 가리키는 수를 찾아보았나요?

먼저 수직선의 눈금 한 칸의 크기를 알아야 해.

2 팀과 곰 인형은 9만큼 떨어져 있어요.
팀이 있는 곳의 수는 얼마인가요?

3 화살표가 가리키는 곳의 수를 어림해 보세요.

1

2

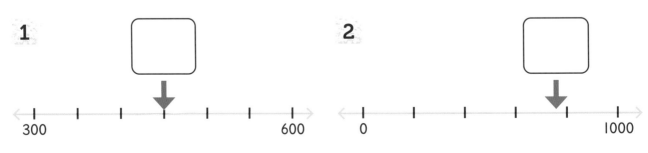

1보다 작은 수

기억하자!

분수에서 아래에 있는 수를 분모라고 해요. 분모는 전체를 몇으로 나누었는지 나타내요.

1 다음 분수의 위치를 수직선에 표시해 보세요.

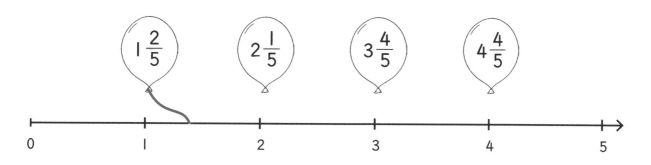

2 다음 분수의 위치를 수직선에 표시해 보세요.

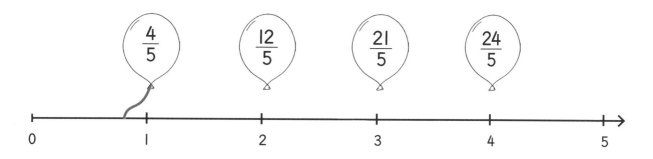

3 개구리가 뛴 거리를 분수로 쓰세요.

먼저 전체를 몇으로 나누었는지 알아봐.

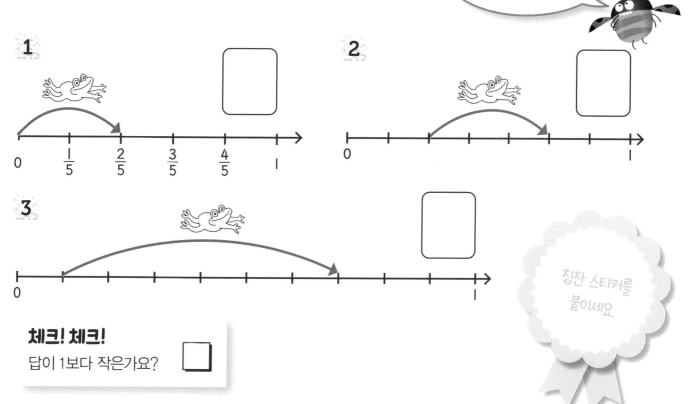

체크! 체크!

답이 1보다 작은가요? ☐

칭찬 스티커를 붙이세요.

문제를 다 푼 다음, 63쪽으로!

$\frac{1}{10}$

1 수직선에서 화살표가 가리키는 곳의
수를 쓰세요.

기억하자!

1을 10등분하면 하나는 $\frac{1}{10}$이 돼요.

1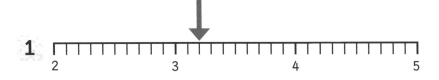

$3\frac{2}{10}$

2

3

2 빈칸에 알맞은 분수를 쓰세요.

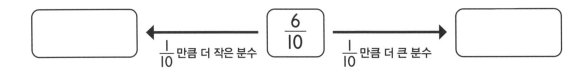

$\leftarrow$ $\frac{1}{10}$만큼 더 작은 분수 $\frac{6}{10}$ $\frac{1}{10}$만큼 더 큰 분수 $\rightarrow$

3 다음 문제를 풀어 보세요.

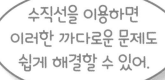

수직선을 이용하면 이러한 까다로운 문제도 쉽게 해결할 수 있어.

1 2에는 $\frac{1}{10}$이 몇 개 있나요? [ ]개

2 1보다 $\frac{4}{10}$만큼 더 작은 분수는 무엇인가요?

3 3을 만들려면 $2\frac{3}{10}$에 $\frac{1}{10}$을 몇 개 더해야 하나요? 개

4 그림을 보고 빈칸에 알맞은 수를 쓰세요.

1
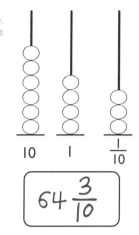
10   1 $\frac{1}{10}$

$64\frac{3}{10}$

2
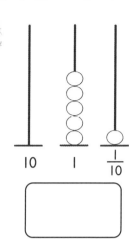
10   1 $\frac{1}{10}$

3
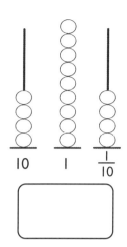
10   1 $\frac{1}{10}$

5 수에 알맞게 구슬을 그려 보세요.

1
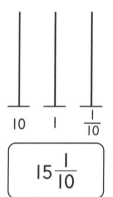
10   1 $\frac{1}{10}$

$15\frac{1}{10}$

2
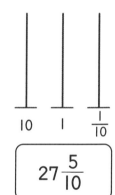
10   1 $\frac{1}{10}$

$27\frac{5}{10}$

3
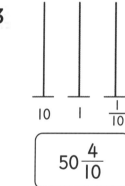
10   1 $\frac{1}{10}$

$50\frac{4}{10}$

6 100을 만들려면 어떤 구슬이 몇 개 더 있어야 하나요?

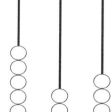
10   1 $\frac{1}{10}$

기억하자!
$\frac{1}{10}$이 10개면 1이야.

각 자리에 있는 구슬이 얼마를 나타내는지 생각해 봐.

10구슬 ⬜ 개, 1구슬 ⬜ 개, $\frac{1}{10}$구슬 ⬜ 개.

칭찬 스티커를 붙이세요.

체크! 체크!
전체를 10으로 똑같이 나눈 것의 부분을 분수로 나타내면 분모는 항상 10이에요. ⬜

문제를 다 푼 다음, 63쪽으로!

분수 비교

1 다음 분수를 크기가 작은 것부터 차례로 쓰세요.

$\frac{4}{8}$ $\frac{3}{8}$ $\frac{1}{8}$ $\frac{8}{8}$ $\frac{7}{8}$

가장 작은 수

가장 큰 수

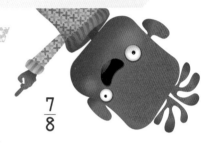

2 두 분수의 크기를 비교하여 >, <를 알맞게 넣으세요.

1 $\frac{4}{6}$ ◯ $\frac{1}{6}$ **2** $\frac{3}{4}$ ◯ $\frac{2}{4}$ **3** $\frac{5}{10}$ ◯ $\frac{8}{10}$ **4** $\frac{3}{7}$ ◯ $\frac{7}{7}$

체크! 체크!
수직선을 그려 답을 확인해 보세요.

3 수직선을 이용해 크기를 비교해 보고 더 큰 수에 ◯표 하세요.

1 $\frac{1}{8}$ $\frac{1}{3}$

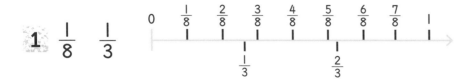

2 $\frac{1}{4}$ $\frac{1}{7}$

분수의 덧셈과 뺄셈

1 **1** 화살표를 그려 수직선에 $\frac{2}{5}$를 표시해 보세요.

2 수직선을 이용하여 다음 물음에 답하세요.

```
 0        1/5        2/5        3/5        4/5        5/5
 |         |          |          |          |          |
```

$\frac{1}{5}$보다 $\frac{2}{5}$만큼 더 큰 분수는 무엇인가요?

$\frac{2}{5}$보다 $\frac{1}{5}$만큼 더 작은 분수는 무엇인가요?

1을 만들려면 $\frac{2}{5}$에 얼마를 더해야 하나요?

2 빈칸에 알맞은 수를 쓰세요.

1 $\frac{1}{7} + \frac{1}{7} = \boxed{}$

2 $\boxed{} + \frac{1}{4} = \frac{3}{4}$

3 $\frac{1}{8} + \boxed{} = \frac{7}{8}$

4 $\frac{3}{9} - \frac{1}{9} = \boxed{}$

5 $\frac{8}{10} - \boxed{} = \frac{4}{10}$

6 $\boxed{} - \frac{2}{6} = \frac{2}{6}$

3 더하면 1이 되는 티셔츠끼리 선으로 이어 보세요.

$\frac{1}{10}$ $\frac{5}{10}$ $\frac{4}{10}$ $\frac{8}{10}$ $\frac{7}{10}$ $\frac{9}{10}$

$\frac{3}{10}$ $\frac{2}{10}$ $\frac{6}{10}$ $\frac{5}{10}$ $\frac{9}{10}$ $\frac{1}{10}$

체크! 체크!

분수끼리 더할 때 분모는 변함이 없었나요? $\boxed{}$

문제를 다 푼 다음, 63쪽으로!

표

1 동그라미, 네모, 별의 수를 세어 표에 알맞은 수를 쓰세요.

> 표를 이용하면 자료에 대해 한눈에 알 수 있어.

	개수(개)
동그라미	
네모	
별	

2 어린이들이 점심 도시락을 다음과 같이 골랐어요.

	빵		샌드위치 재료			주스	
	흰빵	통밀빵	치즈	햄	잼	사과	오렌지
프레이저	✓		✓			✓	
니코		✓			✓	✓	
로지		✓		✓		✓	
앵거스	✓				✓		✓

1 다음 어린이들이 고른 것도 표에 나타내세요.

플로라
"오렌지주스를 먹을 거예요. 샌드위치는 통밀빵에 햄을 넣어 먹고 싶어요."

로스
"나는 잼샌드위치와 사과주스를 먹고 싶어요. 빵은 흰빵으로 주시겠어요?"

2 사과주스를 원한 어린이는 몇 명인가요? ☐ 명

3 통밀빵잼샌드위치를 원한 어린이는 누구인가요? ☐

막대그래프

1 46쪽 1번의 표를 막대그래프로 나타내세요.

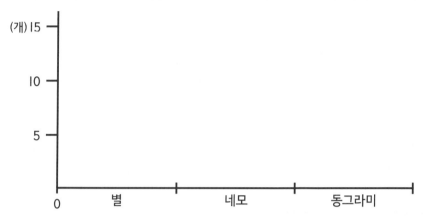

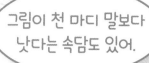

그림이 천 마디 말보다
낫다는 속담도 있어.

2 방과 후 활동에 참여하는 1반과 2반의 학생 수를 나타낸 막대그래프예요. 그래프를 보고 물음에 답하세요.

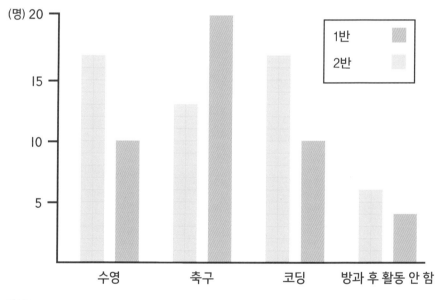

체크! 체크!
세로축의 눈금 한 칸의
크기를 확인했나요?

1 1반에서 가장 인기 있는 방과 후 활동은 무엇인가요?

_____

2 코딩에 참여하는 2반 학생은 1반 학생보다 몇 명 더 많은가요?

_____

3 방과 후 활동을 하지 않는 학생은 모두 몇 명인가요?

_____

칭찬 스티커를
붙이세요.

47

문제를 다 푼 다음, 63쪽으로!

저울

기억하자!
먼저 눈금 한 칸이 얼마를 나타내는지 알아보세요.

1 다음 눈금을 읽어 보세요.

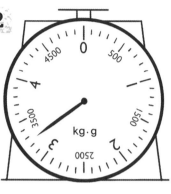

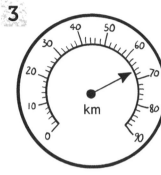

체크! 체크!
단위를 바르게 썼나요? ☐

2 다음의 양을 저울과 비커, 자에 알맞게 표시해 보세요.

1 325g

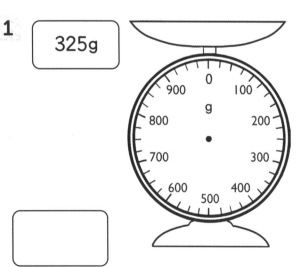

2 1L 400mL

칭찬 스티커를 붙이세요.

3 $2\frac{3}{10}$ cm

cm

문제를 다 푼 다음, 63쪽으로!

두 자리 수 ✕ 한 자리 수

1 모눈의 수를 구해 보세요. 계산하기 편하도록 모눈을 나눠 보세요.

14 × 5

1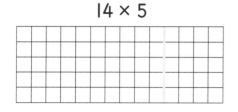

[ ] × 5 [ ] × 5

모눈의 수 = [ ]

16 × 4

2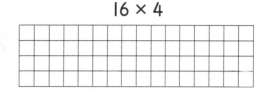

[ ] × [ ] [ ] × [ ]

모눈의 수 = [ ]

2 계산식과 답이 뒤죽박죽 섞였어요.

△의 답을 가진 식 ○와 □를 찾아 같은 색으로 칠하세요.

기억하자!

두 자리 수에 어떤 수를 곱할 때 두 자리 수를 몇십과 몇으로 구분하여 각각 곱한 다음 두 결과를 더해도 돼요.

30 + 21

13 × 4

△ 36

11 × 9

17 × 3

50 + 30

90 + 9

19 × 8

△ 80

12 × 3

80 + 72

16 × 5

40 + 12

△ 152

30 + 6

모두 6가지 색이 필요해.

△ 51

△ 99

△ 52

도전해 보자!

다음을 계산하세요.

12 × 8 = [ ]   15 × 5 = [ ]   18 × 3 = [ ]

칭찬 스티커를 붙이세요.

49

문제를 다 푼 다음, 63쪽으로!

분수의 계산

1 도형이 24개 있어요.

기억하자!

분모는 전체를 똑같이 나눈 수예요. 분모가 12이면 전체를 12로 똑같이 나누었다는 뜻이에요.

전체의 $\frac{1}{12}$을 초록색으로 칠하세요.

전체의 $\frac{1}{6}$을 빨간색으로 칠하세요.

전체의 $\frac{1}{4}$을 파란색으로 칠하세요.

색칠이 되지 않은 도형을 분수로 나타내세요.

2 **1** 자동차의 $\frac{1}{7}$을 ○표 하세요.

2 개미의 $\frac{1}{5}$을 ○표 하세요.

3 답이 같은 것끼리 선으로 이어 보세요.

| 24의 $\frac{1}{4}$ | 60의 $\frac{1}{6}$ | 50의 $\frac{1}{10}$ | 16의 $\frac{1}{8}$ |

| 25의 $\frac{1}{5}$ | 12의 $\frac{1}{2}$ | 8의 $\frac{1}{4}$ | 30의 $\frac{1}{3}$ |

4 빈칸에 알맞은 수를 쓰세요.

1 ☐의 $\frac{1}{2}$은 50   **2** ☐의 삼분의 일은 9   **3** 16의 ☐은 4

5 마리아는 가지고 있는 구슬을 친구들과 똑같이 나누려고 해요. 마리아는 "내 구슬은 5로 똑같이 나눌 수 있어."라고 말했어요.

마리아가 가진 구슬의 수가 될 수 있는 수를 5개 써 보세요.

마리아가 가진 구슬의 수가 될 수 없는 수를 5개 써 보세요.

6 **1** 레몬의 $\frac{1}{6}$을 ◯표 했어요.   **2** 구슬의 $\frac{1}{10}$을 ◯표 했어요.

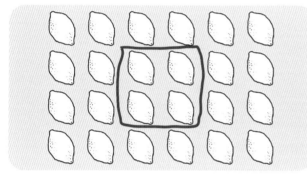   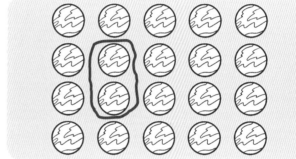

레몬 24개의 $\frac{2}{6}$는 몇 개인가요? ☐개   구슬 20개의 $\frac{6}{10}$은 몇 개인가요? ☐개

도전해 보자!
다음 문제를 풀어 보세요.

1 마티는 36개의 구슬이 있었는데 그중 $\frac{1}{12}$을 잃어버렸어요. 남은 구슬은 몇 개인가요?

_____

2 몰시 팀은 이번 시즌 축구 경기에서 36골을 넣었어요. 그중 $\frac{3}{4}$을 캐빈이 넣었어요. 캐빈은 몇 골을 넣었나요?

_____

잘했어!

칭찬 스티커를 붙이세요.

문제를 다 푼 다음, 63쪽으로!

곱셈 방법

1   **1**   수 3, 4, 5를 한 번씩만 사용하여 서로 다른 곱셈 네 개를 만들어 보세요.

만들 수 있는 곱셈은 여러 가지가 있어. 네가 계산하기 가장 좋은 곱셈을 만들어 봐.

53 × 4			

위 곱셈을 계산해 보세요. 가장 좋아하는 방법으로 계산해 보세요. 아래 모눈을 사용해도 좋아요.

2   답이 가장 큰 곱셈은 무엇인가요?
답이 더 큰 곱셈을 만들 수 있나요?
있다면 여기에서 시도해 보세요.

3   답이 가장 작은 곱셈은 무엇인가요?
답이 더 작은 곱셈을 만들 수 있나요?
있다면 여기에서 시도해 보세요.

2 세로셈으로 다음 계산을 해 보세요.

1

	십	일
	3	1
×		3

2

백	십	일
	2	5
×		6

3

	십	일
	1	7
×		5

4

백	십	일
	4	1
×		8

5

백	십	일
	3	4
×		7

6

백	십	일
	5	3
×		4

도전해 보자!

다음 문제를 풀어 보세요. 세로셈으로 계산해 보세요.

1 마이턴 초등학교에는 여섯 개의 반이 있어요. 각 반에는 가위가 35개씩 있어요. 가위는 모두 몇 개인가요?

2 사라가 학교에 가는 주는 모두 34주예요. 그리고 월요일, 수요일, 금요일에는 점심을 싸 가요. 사라가 점심을 싸 가는 날은 모두 며칠인가요?

체크! 체크!

먼저 답을 어림해 보세요.
답이 타당한지도 생각해 보세요.

잘했어!

칭찬 스티커를 붙이세요.

문제를 다 푼 다음, 63쪽으로!

나눗셈 전략

1 곱셈을 이용하여 다음 문제를 풀어 보세요.

1 $36 \div 3 = \boxed{}$ **2** $28 \div 4 = \boxed{}$ **3** $90 \div 10 = \boxed{}$

4 $21 \div \boxed{} = 3$ **5** $\boxed{} \div 10 = 5$ **6** $45 \div \boxed{} = 9$

2 수 모형을 색칠하며 똑같이 나누는 방법을 알아보아요.

1 수 모형 33개를 똑같이 셋으로 나누면

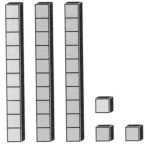

10개짜리 $\boxed{1}$ 개와 낱개 $\boxed{1}$ 개

$33 \div 3 = \boxed{11}$

2 수 모형 46개를 똑같이 둘로 나누면

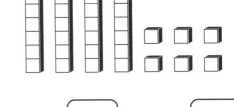

10개짜리 $\boxed{}$ 개와 낱개 $\boxed{}$ 개

$46 \div 2 = \boxed{}$

3 수 모형 75개를 똑같이 다섯으로 나누면

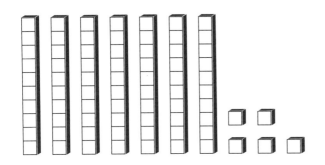

10개짜리 $\boxed{}$ 개와 낱개 $\boxed{}$ 개

$75 \div 5 = \boxed{}$

4 수 모형 56개를 똑같이 넷으로 나누면

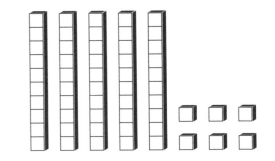

10개짜리 $\boxed{}$ 개와 낱개 $\boxed{}$ 개

$56 \div 4 = \boxed{}$

3 다음 나눗셈을 해 보세요.

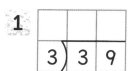

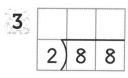

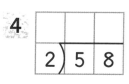
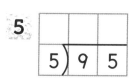
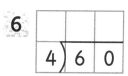

4 다음 글을 보고 계산식과 계산하는 방법,
답을 써 보세요.

기억하자!
가로로 쓰인 나눗셈에서
앞에 있는 수가
나누어지는 수예요.

1 30개의 케이크가 있어요. 이것을 여섯 사람이 똑같이
나누어 먹으려고 해요. 한 사람이 몇 개씩 먹을 수 있나요?

계산식	방법	답
30 ÷ 6	6 × 5 = 30이라는 것을 알기 때문에 머릿속으로 암산했어.	5개

2 피터는 75mL의 물을 가지고 있어요. 이 물을 잔 3개에 똑같이 나누어
담았어요. 각 잔에 든 물은 얼마인가요?

계산식	방법	답

칭찬 스티커를
붙이세요.

체크! 체크!
답에 단위를 쓰는 것, 기억하고 있지요?

55

문제를 다 푼 다음, 63쪽으로!

크기가 같은 분수

1 색칠한 부분을 분수로 나타내세요.

1

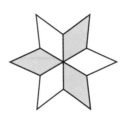

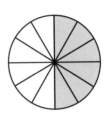

$$\frac{}{2}$$

$$\frac{}{6} = \frac{1}{2}$$

$$\frac{}{12} = \frac{1}{2}$$

2 $\frac{1}{2}$과 크기가 같은 분수를 세 개 써 보세요.

2 빈칸에 전체 조각 수와 색칠한 조각 수를 분수로 써 보세요.

> **기억하자!**
> 크기가 같은 분수는
> 여러 개 만들 수 있어요.

1 원에 $\frac{1}{3}$만큼 색칠해 보세요. 그리고 빈칸에 전체 조각 수와 색칠한 조각 수를 분수로 써 보세요.

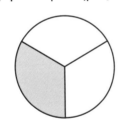 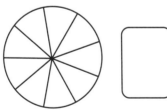

$$\frac{1}{3}$$

 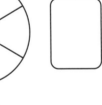

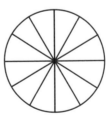

2 위 문제의 답을 보고 각 분수의 분모와 분자가 어떤 규칙을 가지고 있는지 설명해 보세요. 3단 곱셈을 이용하여 설명해 보세요.

_____

_____

3 분수의 위치를 알기 위해 수직선을 이용해 봐요. 같은 위치를 가리키는 분수가 있어요. 다음 분수 중 같은 위치를 가리키는 분수끼리 같은 색으로 칠해 보세요.

$$\boxed{\dfrac{1}{4}} \quad \boxed{\dfrac{3}{4}} \quad \boxed{\dfrac{1}{8}} \quad \boxed{\dfrac{2}{8}} \quad \boxed{\dfrac{3}{8}} \quad \boxed{\dfrac{6}{8}}$$

0   $\dfrac{1}{8}$ $\dfrac{2}{8}$ $\dfrac{3}{8}$ $\dfrac{4}{8}$ $\dfrac{5}{8}$ $\dfrac{6}{8}$ $\dfrac{7}{8}$ $\dfrac{8}{8}$

$\dfrac{1}{4}$ $\dfrac{2}{4}$ $\dfrac{3}{4}$ $\dfrac{4}{4}$

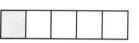

분모가 같은 분수는 비교하기가 참 쉬워.

4 $\dfrac{1}{5}$과 크기가 같은 분수를 모두 찾아 ○표 하세요.

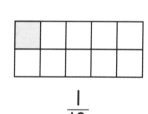

$\dfrac{1}{10}$

$\dfrac{2}{10}$

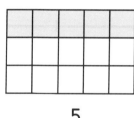

$\dfrac{5}{15}$

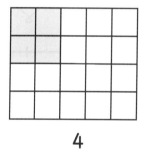

$\dfrac{4}{20}$

기억하자!

분모와 분자에 0이 아닌 같은 수를 곱하거나 나누면 크기가 같은 분수를 만들 수 있어요.

5 크기가 같지 않은 분수를 찾아 ✗표 하세요.

1   $\dfrac{1}{10} = \dfrac{2}{20} = \dfrac{3}{30} = \dfrac{4}{45}$

2   $\dfrac{2}{5} = \dfrac{3}{10} = \dfrac{4}{10} = \dfrac{10}{25}$

3   $\dfrac{1}{4} = \dfrac{2}{8} = \dfrac{3}{9} = \dfrac{3}{12}$

칭찬 스티커를 붙이세요.

체크! 체크!

분모와 분자를 같은 수로 나눠 보았나요? ☐

문제를 다 푼 다음, 63쪽으로!

문장형 문제

기억하자!
문제를 읽고 식으로 나타낸
다음 식을 풀어 보세요.

1 케이크 가판대에서 케이크 여섯 개를
팔았어요. 각 케이크는 여덟 조각으로
나누어져 있었고 한 조각은 3000원이었어요.
케이크를 판 금액은 모두 얼마인가요?

2 사라는 공예 코너에서 점토와 성냥개비로
고슴도치를 만들고 있어요. 고슴도치 하나를
만드는 데 점토 120g과 성냥개비 6개가 필요해요.

사라는 성냥개비 96개를 가지고 있고
점토는 충분히 많이 가지고 있어요.
사라는 고슴도치를 최대 몇 개 만들 수 있나요?

3 지미는 3000원을 가지고 여러 가지 게임을 했어요.
코코넛 던지기 네 번, 공룡 이름 알아맞히기 두 번,
페이스 페인팅을 한 번 했어요. 지미에게 남은 돈은
얼마인가요?

가격	
코코넛 던지기	300원
공룡 이름 알아맞히기	250원
접시 던지기	500원
조랑말 타기	1500원
페이스 페인팅	800원

수학은
우리 주변에 많이 있어.
이 문제들은 학교 축제와
관련된 거야.

4 조랑말 타기는 10분 걸려요.
축제는 2시간 30분 동안 열리고요.
조랑말은 두 마리 있어요. 얼마나 많은
아이들이 조랑말을 탈 수 있나요?

체크! 체크!
답이 맞는 것 같나요? □

5 다음 표는 각 어린이가 케이크 가판대에서 일한 시간이에요.

	12:00~12:30 오후	12:30~1:00 오후	1:00~1:30 오후	1:30~2:00 오후	2:00~2:30 오후
제이든	✓	✓			
알리시오			✓	✓	
해리		✓			✓
조지	✓			✓	
케이든			✓		✓
리버		✓		✓	

다음 물음에 답하세요.

1 알리시오가 일하기 시작한 시각은 몇 시인가요?

2 엘라는 12시 45분에 가판대를 방문했어요.
얼마나 많은 어린이들이 일하고 있나요?

3 리버는 네 명의 어린이들과 함께 일했어요.
리버와 함께 일하지 않은 어린이는 누구인가요?

6 축제에 방문한 사람은 모두 439명이었어요.
이 중 어른이 182명이었어요. 축제에
방문한 어린이는 모두 몇 명인가요?

칭찬 스티커를
붙이세요.

문제를 다 푼 다음, 63쪽으로!

까다로운 퍼즐

1 나는 세 자리 수를 생각하고 있어요.

· 백의 자리 수는 일의 자리 수의 두 배예요.
· 일의 자리 수는 십의 자리 수보다 3만큼 더 커요.
· 십의 자리 수는 l 또는 2 또는 3이에요.

빈칸에 내가 생각한 세 자리 수를 쓰세요.

[ ] [ ] [ ]

체크! 체크!
문제를 다시 한번 읽고 빠뜨린
조건이 없는지 확인하세요. [ ]

2 다음 숫자를 사용하여 오른쪽 계산을 완성하세요.

[0] [l] [2] [6]

	백	십	일
			4
−		7	
			8

3 이 가방에는 800원이 들어 있어요.

가방에는 100원 동전, 50원 동전이 있고 동전은 모두 l2개 있어요.
각 동전은 몇 개씩 있나요?

문제가
잘 풀리지 않으면
그림을 그리거나
표를 만들어 봐.

100원 동전 [ ] 개   50원 동전 [ ] 개

4 **1** 해리는 두 가지 알람을 맞추어 놓았어요.

- 알람 하나는 3분마다 울려요.
- 다른 알람은 5분마다 울려요.
- 11시에는 두 알람이 같이 울려요.

11시 다음에 두 알람이 같이 울리는 시각을 세 개 써 보세요.

_____ , _____ , _____

2 마이크는 50보다 작은 두 자리 수를 생각하고 있어요.

- 이 수에 8을 더하면 10의 배수가 돼요.
- 이 수에서 2를 빼면 3의 배수가 돼요.

마이크가 생각한 수는 무엇인가요?

5 다음과 같은 세 개의 서로 다른 수를 찾아보세요.
세 수의 합은 9이고 세 수의 곱은 가능한 한 가장
크게 만드세요.

예를 들어 6+2+1=9이고 6×2×1=12예요.

기억하자!
'합'은 더하기를 한
결과이고 '곱'은
곱하기를 한 결과예요.

_____

_____

_____

_____

합이 9인
세 수를 잘 찾았니?
그리고 그 세 수를 곱해 가능한
한 큰 수가 되도록 만들었니?

칭찬 스티커를
붙이세요.

문제를 다 푼 다음, 63쪽으로!

나의 실력 점검표

얼굴에 색칠하세요.

쪽	나의 실력은?	스스로 점검해요!
2~3	앞 단계의 내용을 기억하고 있어요.	😊 😐 😟
4~5	99보다 큰 수를 백의 자리를 사용해 나타낼 수 있어요.	😊 😐 😟
6	세 자리 수의 순서를 알아요.	😊 😐 😟
7	3단 곱셈을 기억하고 있어요.	😊 😐 😟
8~9	$\frac{1}{3}$을 찾을 수 있어요.	😊 😐 😟
10	그림그래프를 사용하여 자료를 표시할 수 있어요.	😊 😐 😟
11	10만큼 더 큰 수와 더 작은 수, 100만큼 더 큰 수와 더 작은 수를 찾을 수 있어요.	😊 😐 😟
12~13	4단, 8단 곱셈을 기억해 문제를 해결할 수 있어요.	😊 😐 😟
14~15	2, 3, 4, 5, 8, 10, 50, 100의 배수를 말할 수 있어요.	😊 😐 😟
16~17	각도로 회전을 설명할 수 있고 도형에서 직각을 찾을 수 있어요.	😊 😐 😟
18~19	길이를 재어 비교할 수 있고 길이의 합과 차를 구할 수 있어요.	😊 😐 😟
20~21	머릿속으로 암산할 수 있어요.	😊 😐 😟
22~23	올바른 어휘를 사용하여 시간에 대해 이야기할 수 있고 시간을 비교할 수 있어요.	😊 😐 😟
24~25	여러 가지 덧셈과 뺄셈 문제를 해결할 수 있어요.	😊 😐 😟
26~27	무게와 들이를 어림하고 비교하고 더할 수 있어요.	😊 😐 😟

쪽	나의 실력은?	스스로 점검해요!
28~29	화폐를 알고 사용할 수 있어요.	☺ ☺ ☹
30~31	이미 알고 있는 곱셈을 이용하여 새로운 곱셈과 나눗셈을 할 수 있어요.	☺ ☺ ☹
32~33	디지털시계와 바늘 시계의 시각을 읽을 수 있어요.	☺ ☺ ☹
34~35	두 수의 덧셈과 뺄셈을 세로셈으로 할 수 있어요.	☺ ☺ ☹
36~37	입체도형을 설명할 수 있고 '수직', '수평', '평행'을 사용해 선을 설명할 수 있어요.	☺ ☺ ☹
38~39	평면도형을 설명할 수 있고 도형의 둘레를 구할 수 있어요.	☺ ☺ ☹
40~41	수직선에서 수를 읽을 수 있고 분수를 표시할 수 있어요.	☺ ☺ ☹
42~43	$\frac{1}{10}$ 을 알아요.	☺ ☺ ☹
44~45	분자나 분모가 같은 분수를 비교할 수 있고 분모가 같은 분수의 덧셈과 뺄셈을 할 수 있어요.	☺ ☺ ☹
46~47	표와 막대그래프를 이용하여 자료를 표시할 수 있어요.	☺ ☺ ☹
48	저울을 읽을 수 있어요.	☺ ☺ ☹
49	11~19의 수에 한 자리 수를 곱할 수 있어요.	☺ ☺ ☹
50~51	분수의 계산을 할 수 있어요.	☺ ☺ ☹
52~53	여러 가지 방법으로 곱셈을 할 수 있어요.	☺ ☺ ☹
54~55	두 자리 수를 한 자리 수로 나눌 수 있어요.	☺ ☺ ☹
56~57	크기가 같은 분수를 찾을 수 있어요.	☺ ☺ ☹
58~59	문장형 문제를 풀 수 있어요.	☺ ☺ ☹
60~61	까다로운 퍼즐을 풀 수 있어요.	☺ ☺ ☹

너는 어때?

정답

2~3쪽

1-2. 42　　　　　**1-3.** 9　　　　　**1-4.** 70

1-5. 30, 60, 120

2-2. 9 + 2, 8 + 3, 7 + 4, 6 + 5, 5 + 6, 4 + 7, 3 + 8, 2 + 9

2-3. 9 + 5, 8 + 6, 7 + 7, 6 + 8, 5 + 9

3-2. 78, 89, +11　　　　　**3-3.** 55, 45, −10

4-1.

25	85	50	0
70	65	80	15
5	75	95	35
20	100	50	30

4-2.

32	41	67	59
16	68	1	46
8	54	99	73
33	27	92	84

5. 58 − 27 = 31, 63 − 39 = 24, 76 − 47 = 29

4~5쪽

1-1. 99, 100, 101　　　　　**1-2.** 600, 700, 800

1-3. 오백, 사백

2. 220, 805, 팔백이십육

3. 435, 523

4-2. 7, 9, 4　　　　　**4-3.** 3, 1, 0

4-4. 8, 1, 2

5-2. 예) 901　　　　　**5-3.** 406

도전해 보자!

1. 4　　　　　**2.** 400　　　　　**3.** 40

6쪽

1-1. >　　　**1-2.** <　　　**1-3.** >

2-1.

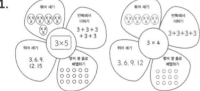

2-2. 445, 455, 504, 540, 555

3. 아이의 답을 확인해 주세요.

7쪽

1.

2-1. 7, 7, 7　　　　　**2-2.** 10, 10, 10

도전해 보자!

1. 4번　　　　　**2.** 102

8~9쪽

1-1. $\frac{1}{3}$보다 커요.　　　　　**1-2.** $\frac{1}{3}$보다 작아요.

1-3. $\frac{1}{3}$보다 커요.

2-2. 9, 3　　　**2-3.** 15, 5　　　**2-4.** 3, 1

3. 애벌레 5마리에 ○표 하세요. / 15마리, 5마리

4-1. $1\frac{2}{3}$　　　**4-2.**

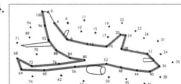

5-1. 10　　　**5-2.** 30　　　**5-3.** 100　　　**5-4.** 40

10쪽

1. 양: 동그라미 2개, 닭: 동그라미 1개, 말: 동그라미 1개 반

2-1. 12골　　　**2-2.** 5골　　　**2-3.** 11월, 2월　　　**2-4.** 48골

11쪽

1-1. 550, 750　　　　　**1-2.** 90, 290

2-1.

	236	246
326	336	346
	436	

→ 10만큼 더 큰 수
↓ 100만큼 더 큰 수

2-2.

693	703	713
793	803	
893		

→ 10만큼 더 큰 수
↓ 100만큼 더 큰 수

3-1. 554, 654　　　　　**3-2.** 287, 297, 337

12쪽

1.

	0	1	2	3	4	5	6
×4	0	4	8	12	16	20	24
×8	0	8	16	24	32	40	48

2-1.

20	21	22	23	24	25	26	27	28	29
30	31	32	33	34	35	36	37	38	39
40	41	42	43	44	45	46	47	48	49

2-2. 예) 8단 곱셈의 값은 모두 4단 곱셈의 값이에요.

도전해 보자!

28송이

13쪽

1. 예) 6, 6, 5 / 6, 5, 6 / 6, 5, 5

2. 크리스

3. 아이의 답을 확인해 주세요.

14~15쪽

1. 2의 배수 − 8, 32, 40, 112

　　5의 배수 − 10, 15, 20, 45, 130

　　10의 배수 − 20, 110, 360

2. 400 → 650 → 350 → 500 → 700 → 850 → 50

3. 10개

4.

5-1.

51	52	53	54	55	**56**	57	58	59	60
61	62	63	**64**	65	66	67	68	69	70
71	**72**	73	74	75	76	77	78	79	**80**
81	82	83	84	85	86	87	**88**	89	90
91	92	93	94	95	**96**	97	98	99	100

5-2. 참, 거짓

6. 150, 160, 190 또는 150, 170, 180

16쪽

1-2.   **1-3.**   **1-4.**

2. 예)

3. 왼쪽, 4, 오른쪽, 2, 오른쪽, 8, 왼쪽, 1

17쪽

1.

2.   **3-1.** 예각 **3-2.** 둔각

4. 예)

18~19쪽

1-1. 측정값: 4 **1-2.** 측정값: 7

1-3. 측정값: 1 * 어림값은 각자 다를 수 있어요.

2. A = 95cm, B = 97.5cm, C = 1m 2cm, D = 1m 23cm

3-1. 572 **3-2.** 280 **3-3.** 208 **3-4.** 1003

4-1. ━━━
4-2. ━━━
4-3. ━━━

5. 시장, 버스 정거장, 박물관

도전해 보자!

1. 200 **2.** 5, 600

20~21쪽

1. ✗, ✓, ✗, ✗, ✓, ✓

2-1. 38에 스티커를 붙이세요.

2-2. 264에 스티커를 붙이세요.

2-3. 378에 스티커를 붙이세요.

2-4. 185에 스티커를 붙이세요.

3-1. < **3-2.** = **3-3.** > **3-4.** >

3-5. < **3-6.** <

4.

0과 250 사이의 수	251과 500 사이의 수	501과 750 사이의 수	751과 1000 사이의 수
498 ÷ 2	52 × 9	235 × 3	108 × 7
21 × 8	951 ÷ 3	896 − 391	245 + 682

5. 가능, 불가능, 가능, 가능, 불가능, 불가능

22쪽

1-1. 15, $\frac{1}{2}$, 60, 3 **1-2.** 1, 120, 300, 10

2-1. 2016년 1월 31일 **2-2.** 2020년

2-3. 365일

3. 오전: 자전거, 수영, 자전거, 자전거
오후: 축구, 달리기, 축구, 달리기

23쪽

1. 아이의 답을 확인해 주세요.

2-1. 자비 **2-2.** 팀 **2-3.** 팀, 자비

24쪽

1-1. 아이의 답을 확인해 주세요.

1-2. 예) 400, 200, 100 / 700, 300, 200, 100

2-1. 엠마: 759, 752 카를로스: 200, 204, 234, 314
필립: 460, 455, 755, 845

2-2. 필립

25쪽

1.

12	**20**	18	**25**	**33**	**40**

예) 3단 곱셈의 값이면서 4단 곱셈의 값인 수 중에 있어요.

2. 1, 5, 3, 4 / 1, 4, 3, 5 / 3, 4, 1, 5 / 3, 5, 1, 4

도전해 보자!

7, 05, 7시 5분

26쪽

1-1. 80kg **1-2.** 1000g

2-1. 2kg, 2000g **2-2.** 7kg, 7000g

2-3. 500g, $\frac{1}{2}$ kg **2-4.** 1000g, 1kg

3. 90g, 200g, $\frac{1}{4}$ kg, $\frac{1}{2}$ kg, 600g

도전해 보자!

2450g 또는 2kg 450g

27쪽

1-1. 300mL **1-2.** 200L

2-1. 150 **2-2.** 75 **2-3.** 1$\frac{1}{2}$ **2-4.** 25

3. 100mL, $\frac{1}{2}$ L, 505mL, 1L, 1015mL

도전해 보자!

1400mL 또는 1L 400mL

28~29쪽

1-1. 예림: 850, 시우: 450, 지은: 1290

1-2. 2590원

2-1. 10000원 **2-2.** 17500원

2-3. 토스트 큰 것 또는 작은 것

3-1. 예) 5000원 1장, 1000원 2장, 100원 4개

3-2. 예) 1000원 2장, 500원 2개, 100원 1개
3-3. 예) 500원 3개
도전해 보자!
1. 15600원, 6150원　　　2. 16330원

30쪽

1-1. 340　　**1-2.** 590　　**1-3.** 750　　**1-4.** 960
2-1. 280, 280　　　　　**2-2.** 150, 150
2-3. 720, 720
3. 8 × 30, 6 × 40, 12 × 20, 24 × 10

31쪽

1-1. 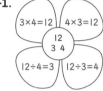　　**1-2.**

2-1. 6　　**2-2.** 3
3-1. 3, 6, 9, 4 / 3, 6, 4, 9　　**3-2.** 4, 5, 9, 5 / 4, 5, 5, 9

32~33쪽

1-2. 11:26　　**1-3.** 7:45　　**1-4.** 5:09
2-1. 　　　　**2-2.**

3-1. 10시 18분　　　　　**3-2.** 7시 53분 또는 8시 7분 전
4-2. 10시 30분, 12시, 1, 30
4-3. 7시 55분, 9시 15분, 1, 20
4-4. 10시 15분, 1시 45분, 3, 30

34쪽

1-1. 87　　**1-2.** 349　　**1-3.** 188　　**1-4.** 179
2-1. 91　　**2-2.** 92　　**2-3.** 523　　**2-4.** 217
3-1. 431　　**3-2.** 843
도전해 보자!
394장

35쪽

1-1. 61　　**1-2.** 412　　**1-3.** 401　　**1-4.** 121
2-1. 181　　**2-2.** 415　　**2-3.** 613　　**2-4.** 291
3-1. 1, 4　　**3-2.** 5, 9　　**3-3.** 1, 8　　**3-4.** 1, 2
도전해 보자!
279

36쪽

1-1. 원기둥　　　　　　**1-2.** 삼각뿔
1-3. 직육면체　　　　　**1-4.** 삼각기둥

2-1. 5, 5　　**2-2.** 4, 4　　**2-3.** 7, 10
3. 아이의 답을 확인해 주세요.

37쪽
1. □✓□✓　　2. ✓□□□　　3.

4-1. r　　**4-2.** s　　**4-3.** p, s 또는 p, q

38쪽

1-1. 예)　　**1-2.** 예)　　**1-3.** 예)

1-4. 예)　　**1-5.** 예)　　**1-6.** 예)

2-1. 예) 변이 4개예요. 꼭짓점이 4개예요. 길이가 같은
변이 2쌍 있어요.
2-2. 예) 직선 3개, 곡선 1개로 이루어져 있어요. 꼭짓점이
2개예요. 직각이 2개예요.

39쪽

1-1. 12cm　　**1-2.** 20cm　　**1-3.** 16cm
2. 아이의 답을 확인해 주세요.
3-1. 15cm　　　**3-2.** 12cm

40쪽

1-1. 35　　**1-2.** 300　　**1-3.** 625　　**1-4.** 220
2. 18
3-1. 450　　**3-2.** 750

41쪽

1.　　　　　　　　　　**2.**
3-1. $\frac{2}{5}$　　**3-2.** $\frac{3}{7}$　　**3-3.** $\frac{6}{10}$

42~43쪽

1-2. $2\frac{7}{10}$　　**1-3.** $\frac{5}{10}$
2. $\frac{5}{10}$, $\frac{7}{10}$
3-1. 20　　**3-2.** $\frac{6}{10}$　　　　**3-3.** 7
4-2. $5\frac{1}{10}$　　**4-3.** $49\frac{4}{10}$
5-1. 10: 1개, 1: 5개, $\frac{1}{10}$: 1개
5-2. 10: 2개, 1: 7개, $\frac{1}{10}$: 5개
5-3. 10: 5개, 1: 0개, $\frac{1}{10}$: 4개
6. 4, 7, 7

44쪽

1. $\dfrac{1}{8}$, $\dfrac{3}{8}$, $\dfrac{4}{8}$, $\dfrac{7}{8}$, $\dfrac{8}{8}$

2-1. >   2-2. >   2-3. <   2-4. <

3-1. $\dfrac{1}{3}$ 3-2. $\dfrac{1}{4}$

45쪽

1-1.

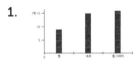

1-2. $\dfrac{3}{5}$, $\dfrac{1}{5}$, $\dfrac{3}{5}$

2-1. $\dfrac{2}{7}$ 2-2. $\dfrac{2}{4}$ 2-3. $\dfrac{6}{8}$ 2-4. $\dfrac{2}{9}$

2-5. $\dfrac{4}{10}$ 2-6. $\dfrac{4}{6}$

3. $\dfrac{1}{10}$, $\dfrac{9}{10}$ / $\dfrac{5}{10}$, $\dfrac{5}{10}$ / $\dfrac{4}{10}$, $\dfrac{6}{10}$ / $\dfrac{8}{10}$, $\dfrac{2}{10}$ / $\dfrac{7}{10}$, $\dfrac{3}{10}$ / $\dfrac{9}{10}$, $\dfrac{1}{10}$

46쪽

1. 동그라미: 16, 네모: 15, 별: 9
2-1. 플로라: 통밀빵, 햄, 오렌지 / 로스: 흰빵, 잼, 사과
2-2. 4   2-3. 니코

47쪽

1.

2-1. 축구   2-2. 7명   2-3. 10명

48쪽

1-1. 150mL   1-2. 3250g   1-3. 66km
2. 아이의 답을 확인해 주세요.

49쪽

1-1. 10, 4, 70   1-2. 10, 4, 6, 4, 64
2. $17 \times 3 = 30 + 21 = 51$, $16 \times 5 = 50 + 30 = 80$,
$11 \times 9 = 90 + 9 = 99$, $19 \times 8 = 80 + 72 = 152$,
$13 \times 4 = 40 + 12 = 52$, $12 \times 3 = 30 + 6 = 36$

도전해 보자!
96, 75, 54

50~51쪽

1. 초록색으로 2개, 빨간색으로 4개, 파란색으로 6개
색칠하세요.
$\dfrac{12}{24}$ 또는 $\dfrac{1}{2}$

2-1. 자동차 2대   2-2. 개미 3마리
3. 24의 $\dfrac{1}{4} = 12$의 $\dfrac{1}{2}$, 60의 $\dfrac{1}{6} = 30$의 $\dfrac{1}{3}$,

50의 $\dfrac{1}{10} = 25$의 $\dfrac{1}{5}$, 16의 $\dfrac{1}{8} = 8$의 $\dfrac{1}{4}$

4-1. 100   4-2. 27   4-3. $\dfrac{1}{4}$

5. 일의 자리가 0이나 5인 수
일의 자리가 0이나 5가 아닌 수
6-1. 8   6-2. 12

도전해 보자!
1. 33개   2. 27골

52~53쪽

1. 아이의 답을 확인해 주세요.
2-1. 93   2-2. 150   2-3. 85   2-4. 328
2-5. 238   2-6. 212

도전해 보자!
1. 210개   2. 102일

54~55쪽

1-1. 12   1-2. 7   1-3. 9   1-4. 7
1-5. 50   1-6. 5
2-2. 2, 3, 23   2-3. 1, 5, 15   2-4. 1, 4, 14
3-1. 13   3-2. 12   3-3. 44   3-4. 29
3-5. 19   3-6. 15
4-2. 75 ÷ 3, 예) 세로셈으로 계산했어. 25mL

56~57쪽

1-1. 1, 3, 6   1-2. 예) $\dfrac{2}{4}$, $\dfrac{3}{6}$, $\dfrac{4}{8}$

2-1. $\dfrac{2}{6}$, $\dfrac{3}{9}$, $\dfrac{4}{12}$

2-2. 예) 분모가 3단 곱셈의 값이에요.
분자에 3을 곱하면 분모예요.

3. $\dfrac{1}{4} = \dfrac{2}{8}$, $\dfrac{3}{4} = \dfrac{6}{8}$ 4. $\dfrac{2}{10}$, $\dfrac{4}{20}$

5-1. $\dfrac{4}{45}$ 5-2. $\dfrac{3}{10}$ 5-3. $\dfrac{3}{9}$

58~59쪽

1. 144000원   2. 16개   3. 500원
4. 30명
5-1. 오후 1시   5-2. 3명   5-3. 케이든
6. 257명

60~61쪽

1. 8, 1, 4   2. 1, 0, 6, 2   3. 4, 8
4-1. 11시 15분, 11시 30분, 11시 45분   4-2. 32
5. 2, 3, 4

런런 옥스퍼드 수학

4-7 수학 종합

초판 1쇄 발행 2022년 12월 6일
글·그림 옥스퍼드 대학교 출판부 **옮김** 상상오름
발행인 이재진 **편집장** 안경숙 **편집 관리** 윤정원 **편집 및 디자인** 상상오름
마케팅 정지운, 김미정, 신희용, 박현아, 박소현 **국제업무** 장민경, 오지나 **제작** 신홍섭
펴낸곳 (주)웅진씽크빅
주소 경기도 파주시 회동길 20 (우)10881
문의 031)956-7403(편집), 02)3670-1191, 031)956-7065, 7069(마케팅)
홈페이지 www.wjjunior.co.kr **블로그** wj_junior.blog.me **페이스북** facebook.com/wjbook
트위터 @wjbooks **인스타그램** @woongjin_junior
출판신고 1980년 3월 29일 제406-2007-00046호
원제 PROGRESS WITH OXFORD: MATH
한국어판 출판권 ⓒ(주)웅진씽크빅, 2022 **제조국** 대한민국

ISBN 978-89-01-26536-0
ISBN 978-89-01-26510-0 (세트)

잘못 만들어진 책은 바꾸어 드립니다.
주의 1. 책 모서리가 날카로워 다칠 수 있으니 사람을 향해 던지거나 떨어뜨리지 마십시오.
　　　 2. 보관 시 직사광선이나 습기 찬 곳은 피해 주십시오.